国家电网有限公司
STATE GRID
CORPORATION OF CHINA

国家电网有限公司
预警工作规则

国家电网有限公司　发布

中国电力出版社
CHINA ELECTRIC POWER PRESS

图书在版编目（CIP）数据

国家电网有限公司预警工作规则 / 国家电网有限公司发布. -- 北京：中国电力出版社，2025.4（2025.6重印）. -- ISBN 978-7-5198-9980-6

Ⅰ．TM08

中国国家版本馆 CIP 数据核字第 20253UU344 号

出版发行：中国电力出版社
地　　址：北京市东城区北京站西街 19 号（邮政编码 100005）
网　　址：http://www.cepp.sgcc.com.cn
责任编辑：吴　冰
责任校对：黄　蓓　李　楠
装帧设计：张俊霞
责任印制：石　雷

印　　刷：三河市航远印刷有限公司
版　　次：2025 年 4 月第一版
印　　次：2025 年 6 月北京第二次印刷
开　　本：850 毫米×1168 毫米　32 开本
印　　张：1.5　　插页　1
字　　数：41 千字
定　　价：20.00 元

国家电网有限公司关于印发
《国家电网有限公司作业风险管控工作规定》
等 10 项通用制度的通知

国家电网企管〔2023〕55 号

总部各部门，各机构，公司各单位：

公司组织制定、修订了《国家电网有限公司作业风险管控工作规定》《国家电网有限公司工程监理安全监督管理办法》《国家电网有限公司预警工作规则》《国家电网有限公司电力突发事件应急响应工作规则》《国家电网有限公司安全生产风险管控管理办法》《国家电网有限公司安全生产反违章工作管理办法》《国家电网有限公司业务外包安全监督管理办法》《国家电网有限公司电力安全工器具管理规定》《国家电网有限公司电力建设起重机械安全监督管理办法》《国家电网有限公司安全隐患排查治理管理办法》10 项通用制度，经 2022 年公司规章制度管理委员会第四次会议审议通过，现予以印发，请认真贯彻落实。

国家电网有限公司（印）

2023 年 2 月 10 日

目　录

国家电网有限公司预警工作规则

规章制度编号：国网（安监/3）1105-2022

第一章　总　　则

第一条　为进一步规范国家电网有限公司（以下简称"公司"）突发事件预警发布和预警响应工作，提高预警工作的精准性和有效性，特制定本规则。

第二条　本规则依据国家《生产安全事故应急条例》《突发公共卫生事件应急条例》《国家突发环境事件应急预案》和《国家电网有限公司应急工作管理规定》《国家电网有限公司突发事件总体应急预案》及有关专项预案制定。

第三条　本规则主要针对可能影响公司生产经营的台风、暴雨、强对流天气、雨雪冰冻、洪涝、地质灾害、山火、高温大负荷、低温大负荷、电力短缺及大面积停电、突发性环境污染事件等自然灾害、事故灾难以及重大传染性疾病疫情等公共卫生、社会安全事件，细化公司预警发布条件、职责分工及预警响应要求。其他突发事件预警工作可参照执行。

第四条　预警工作坚持"属地为主、闻号即动、分类分级、专业主导、信息共享、闭环管控"原则，总部、分部、省、地市、县级单位根据管辖范围，负责本级预警发布和管理，并做好协同配合和信息共享。

第五条　本规则适用于公司总部，分部，各省（自治区、直辖市）电力公司、有关直属单位及所属各级单位。

第二章 预警分类分级

第六条 公司预警实行分类管理，对可能影响公司电网、设备、供电、人员安全的突发事件发布预警，具体包括如下四类事件：

（1）自然灾害类：台风、暴雨、强对流天气、雨雪冰冻、洪涝、地质灾害、山火等。

（2）事故灾难类：高温大负荷、低温大负荷、电力短缺、大面积停电、设备设施故障、配电自动化系统故障、调度系统自动化系统故障、网络与信息系统故障、水淹厂房与水库垮坝、环境污染等。

（3）公共卫生类：传染性非典型肺炎、人感染高致病性禽流感、群体性不明原因疾病、新型传染病或我国尚未发现的传染病、食物中毒、急性职业中毒等。

（4）社会安全类：突发群体事件、网络安全事件、电力监控系统网络安全、新闻突发事件、涉外突发事件、反恐怖防范等。

公司预警由安全应急办（设在应急部）和稳定应急办（设在办公室）共同管理（二者合称公司应急办），其中，安全应急办负责自然灾害、事故灾难类预警管理，稳定应急办负责公共卫生、社会安全类预警管理。

第七条 公司预警实行分级管理，具体如下：

（1）根据突发事件发生的紧急程度、发展态势和可能造成的危害程度，将预警分为一级、二级、三级和四级，依次用红色、橙色、黄色和蓝色标示，一级为最高级别。

（2）在设置预警章节的专项应急预案中，应明确预警分级标准，分级应采用可量化指标，并明确各级别数量范围。

第八条 公司预警实行分层管理：

（1）总部负责根据中央气象台、应急管理部、自然资源部、水利部等国家部门或机构发布的预警开展预警工作。

（2）各单位负责根据属地政府气象、应急管理、自然资源、水利等专业部门发布的预警或预警信号开展预警工作。下级单位的预警工作情况要报上级对口专业部门。

第三章　预　警　发　布

第九条 信息监测收集。公司各部门、机构、各单位开展预警信息监测预报，分析研判后，在 30 分钟内报送本单位应急指挥中心：

（1）公司应急办、各部门、机构跟踪监测专业管理范围内的自然灾害、设备运行、客户供电等信息，与政府部门、社会机构建立信息共享和沟通协作机制，获取有关气象、地质、洪涝、森林草原火情、突发环境事件等方面的预警信息。

（2）各单位相关部门充分利用应急指挥信息系统、调度自动化系统、设备在线监测系统、营销系统等各种技术手段，开展信息监测、辨识、分析，向本单位应急指挥中心、上级单位专业管理部门报告，由专项应急办组织对预警信息可能造成的影响进行研判。

（3）公司防灾减灾中心、覆冰、山火、雷电、舞动、台风和地质灾害监（预）测预警中心及中国电科院数值气象预报中心等应加强灾害监测，做好短期、中期、长期灾害预报，及时报送公司应急指挥中心和设备部、国调中心等专业部门。

（4）各单位应急指挥中心监测自然环境、电网状态、设备环境、用户供电、新闻舆情风险信息，收集、跟踪政府部门及公司相关部门、单位、机构的预警信息。

第十条 信息分析梳理。各单位应急指挥中心接到相关预警信息应立即对照预警研判条件（见附件 1）开展分析，初步研判预警响应等级，起草预警通知（预警响应指令），并将可能受影响的设备设施和用户清单，10 分钟内报送相应的安全应急办和专项应急办进行审核评估（模板见附件 2）。

第十一条 信息会商研判。当气象、应急管理、自然资源、水利等政府部门或机构发布的灾害预警（或预警信号），提出了对公司或所属单位工作要求的情形下，公司或所属单位安全应急办牵头立即启动对应等级预警响应，同时向专项应急办、相关分管领导报告。

当气象部门发布灾害性天气预报信息或公司系统灾害监（预）测预警中心发布灾害预测预报信息的情形下，由安全应急办会同事件牵头部门组织专项应急办成员部门开展预警会商，结合可能受影响的设备设施和用户清单，确定预警响应等级，制定具体的预警响应措施。

第十二条 编制预警通知（预警响应指令）。应急专责根据预警会商结果完善预警通知并上报审核。内容包括：事件概述、类型、级别、影响范围、发布时间、响应措施、主送单位。

第十三条 预警审批发布。预警通知（预警响应指令）审批发布程序如下：

（1）三级、四级预警通知（预警响应指令），由安全应急办主任审批后，编号发布。

（2）一级、二级预警通知（预警响应指令），经安全应急办主任审核后，由相关事件分管领导审批后，编号发布。

第十四条 预警信息推送。预警通知（预警响应指令）审批发布后，通过应急指挥信息系统、移动 App、协同办公系统、安监一体化平台、短信等方式，推送至公司领导、相关专业部门管理人员、预警主送单位的公司领导、应急管理人员和应急指挥中心值班员（以下简称"值班员"）。

第四章　预　警　响　应

第十五条　预警响应职责。本单位预警发布后，进入预警响应状态；所涉及的下级单位进入预警发布的研判环节。本单位各相关部门开展工作，及时收集、报告有关信息。公司总部预警发布及响应工作流程详见附件3。

（1）安全应急办（应急管理部）负责组织值班员开展预警响应值班，做好预警响应过程中的安全监督，负责与政府主管部门、监督部门的沟通，报告信息。值班员负责联系事发单位、应急队伍，收集报送现场信息，开展预警响应过程中措施落实情况的监督检查。

（2）稳定应急办（办公室）负责接收和处理政府及有关单位、上下级单位的应急相关文件和突发事件信息，做好涉及稳定相关工作的组织，联系沟通各级政府。

（3）调度控制部门负责加强电网运行监测，合理调整电网运行方式、做好异常情况处置准备，保障电网安全，做好通信保障和机动应急通信系统启动准备。

（4）设备管理部门负责加强对预警区域内设备及相关场所的信息收集、监测、特巡、消缺工作，做好设备抢修队伍、装备、物资预置，落实各项安全措施。

（5）营销服务部门负责跟踪获取用户供电情况、停复电信息，做好客户优质服务和应急供电。

（6）网络信息安全管理部门负责监视信息系统运行情况，组织做好信息系统保障工作。

（7）后勤保障部门负责做好应急指挥、处置、值班人员生活后勤保障、疫情防控工作。

（8）物资管理部门负责应急物资的采购、调配、仓储、配送管理工作。

（9）新闻宣传部门负责做好新闻宣传和舆论引导工作。

（10）环保管理部门加强与政府环保部门的沟通，加强重点环境风险源监测和信息收集；加强预警响应期间的环境监测，指导相关单位做好现场抢险和救援工作。

（11）其他相关部门按照职责分工配合开展预警工作。

第十六条 预警到岗到位。预警响应期间，应急指挥中心要加强值班值守，相关人员应根据预警响应等级到岗到位。

1. 公司总部

（1）启动三级、四级预警响应时，应急指挥中心在正常值班基础上，增加 1 名值班员；安全应急办、相关事件专项应急办分别指定 1 名联络人保持通信畅通，必要时参加值守。

（2）启动二级预警响应时，在三级、四级值班人员基础上，相关事件专项应急办应安排 1 名负责人在岗带班，应急部、设备部、营销部、国调中心分别安排 1 名处长 1 小时内到应急指挥中心参加值守；数字化部、物资部、后勤部、宣传部等相关部门指定 1 名联络人，保持通信畅通，并做好随时参加信息研判、会商、值守准备。

（3）启动一级预警响应时，在二级预警响应值班人员基础上，公司安全应急办、相关事件专项应急办主要负责人 1 小时内到应急指挥中心值守；数字化部、物资部、后勤部、宣传部等相关部门安排 1 名处长或专责 1 小时内到应急指挥中心参加值守。

2. 公司所属各级单位

（1）启动三级、四级预警响应时，应急指挥中心在正常值班基础上，增加 1 名值班员；安全应急办、相关事件专项应急办分别指定 1 名处长或专责保持通信畅通，必要时参加值守。

（2）启动二级预警响应时，在三级、四级值班人员基础上，安全应急办、相关事件专项应急办负责人 1 小时内到应急指挥中心参加值守；安全应急办、相关事件专项应急办、设备部、营销部、调控中心 1 名处长或专责 1 小时内到应急指挥中心参加值守；数字化部、物资部、后勤部、宣传部等相关部门指定 1 名处长或专责，保持通信畅通，并做好随时参加信息研判、会商、值守准备。

（3）启动一级预警响应时，在二级预警值班人员基础上，安全生产分管领导、相关事件分管领导 1 小时内到应急指挥中心值守；设备部、营销部、数字化部、物资部、后勤部、宣传部、调控中心等相关部门指定 1 名部门负责人 1 小时内到应急指挥中心参加值守。

第十七条 预警期间会商。启动一级、二级预警响应时，各单位安全应急办向本单位分管领导汇报，组织相关部门、单位开展会商。分管领导提出工作要求，值班员做好记录，形成会商纪要并下发至责任部门、单位。

第十八条 响应措施执行。各单位应根据预警级别，组织相关部门和单位开展预警响应，重点做好各级管理人员到岗到位，组织预警响应，现场人员、队伍、装备、物资等"四要素"资源预置，做好后勤、通信和防疫保障，防范或减轻突发事件造成的损失。预警响应典型措施详见附件 4。

第十九条 响应措施检查。各单位值班员跟踪检查本级预警响应措施落实情况，对预警响应应启未启、响应措施落实不到位的，通过应急指挥信息系统、电话等方式联系相关责任单位督促现场责任人落实。其中，总部、分部、省级单位开展督查抽查，市、县级单位负责全面检查。

第二十条　信息报送。各单位值班员每日 7 时、11 时、15时、19 时，利用应急指挥信息系统收集汇总预警响应信息，向本单位安全应急办提交书面报告（模板见附件 5）。

第五章　预警调整与解除

第二十一条　预警调整

各单位预警实行动态管理，实时收集预警信息，开展分析研判、审批，更新预警类别、级别、影响范围，并发布相应级别的预警响应指令。

第二十二条　预警解除

（1）有关情况证明突发事件不可能发生或危险已经解除，按照"谁审批、谁解除"原则，解除预警响应，通过应急指挥信息系统、移动 App、短信发布至相应人员。

（2）规定的预警期限内未发生突发事件，预警自动解除。

（3）针对同一类型灾害，如根据事态发展转入应急响应状态，本单位原有的预警响应自动解除。

（4）针对同一类型灾害，总部、省公司、地市公司如转入应急响应状态，所属单位中，涉及的单位需相应启动本单位应急响应，原预警响应自动解除；其余单位仍维持原预警响应或正常工作状态。

第六章　评　价　与　考　核

第二十三条　各单位应组织值班员抽查下级单位预警启动及措施落实情况，对发现的预警应启未启、预警措施落实不到位等问题，向下级单位安全应急办下发《整改通知单》（模板见附表7.1），督促问题整改落实，并纳入月度综合评价。下级单位整改完成后，将《整改反馈单》（模板见附表7.2）提报给上级单位应急指挥中心。

第二十四条　由于预警响应不到位，造成一般以上事故或影响范围扩大的，上级单位可直接组织，也可授权或委托有关单位或部门对事发单位进行调查评估，在开展调查之日起1个月内完成调查评估报告。相关单位应根据调查评估报告提出的意见建议，制定整改计划并组织落实，向上级单位报告整改完成情况。

第七章　附　　则

第二十五条　本规则由国网应急部组织制定并负责解释、监督执行。

第二十六条　本规则自 2023 年 3 月 3 日起施行。

附件 1

预 警 研 判 条 件

一、台风

1. 红色预警

（1）总部：① 中心最大风力 16 级以上的超强台风在未来 24 小时影响或登陆公司经营区域的；② 中心最大风力 12 级以上的台风在未来 12 小时内将影响两个及以上省公司的。

（2）省公司及以下：属地气象部门发布台风红色预警或预警信号。

2. 橙色预警

（1）总部：① 中心最大风力 16 级以上的超强台风在未来 48 小时影响或登陆公司经营区域的；② 中心最大风力 12 级以上的台风在未来 24 小时内将影响两个及以上省公司的；③ 中心最大风力 10 级以上的热带风暴在未来 12 小时内将两个及以上省公司的。

（2）省公司及以下：属地气象部门发布台风橙色预警或预警信号。

3. 黄色预警

（1）总部：① 中心最大风力 16 级以上的超强台风，在未来 72 小时影响或登陆公司经营区域的；② 中心最大风力 12 级以上的台风在未来 48 小时内将影响两个及以上省公司的；③ 中心最大风力 10 级以上的强热带风暴在未来 24 小时内将影响两个及以上省公司的。

（2）省公司及以下：属地气象部门发布台风黄色预警或预警信号。

4. 蓝色预警

（1）总部：中央气象台发布台风蓝色预警，影响两个及以上省公司的。

（2）省公司及以下：属地气象部门发布台风蓝色预警或预警信号。

二、暴雨

1. 红色预警

（1）总部：中央气象台发布暴雨红色预警，影响公司经营区域。

（2）省公司及以下：属地气象部门发布暴雨红色预警或预警信号。

2. 橙色预警

（1）总部：中央气象台发布暴雨橙色预警，影响公司经营区域。

（2）省公司及以下：属地气象部门发布暴雨橙色预警或预警信号。

3. 黄色预警

（1）总部：中央气象台发布暴雨雪黄色预警，影响公司经营区域。

（2）省公司及以下：属地气象部门发布暴雨黄色预警或预警信号。

4. 蓝色预警

（1）总部：中央气象台发布暴雨蓝色预警，影响公司经营区域。

（2）省公司及以下：属地气象部门发布暴雨蓝色预警信号。

三、强对流天气

1. 橙色预警

总部：中央气象台发布强对流天气橙色预警，影响公司经营区域。

2. 黄色预警

总部：中央气象台发布强对流天气黄色预警，影响公司经营区域。

3. 蓝色预警

总部：中央气象台发布强对流天气蓝色预警，影响公司经营区域。

四、寒潮预警

1. 红色预警

省公司及以下：属地气象部门发布寒潮红色预警或预警信号。

2. 橙色预警

（1）总部：中央气象台发布寒潮橙色预警，影响公司经营区域；

（2）省公司及以下：属地气象部门发布寒潮橙色预警或预警信号。

3. 黄色预警

（1）总部：中央气象台发布寒潮黄色预警，影响公司经营区域；

（2）省公司及以下：属地气象部门发布寒潮黄色预警或预警信号。

4. 蓝色预警

（1）总部：中央气象台发布寒潮蓝色预警，影响公司经营区域。

（2）省公司及以下：属地气象部门发布寒潮蓝色预警或预警信号。

五、暴雪预警

1. 红色预警

（1）总部：中央气象台发布暴雪红色预警，影响公司经营区域。

（2）省公司及以下：属地气象部门发布暴雪红色预警或预警

信号。

2. 橙色预警

（1）总部：中央气象台发布暴雪橙色预警，影响公司经营区域。

（2）省公司及以下：属地气象部门发布暴雪橙色预警或预警信号。

3. 黄色预警

（1）总部：中央气象台发布暴雪黄色预警，影响公司经营区域。

（2）省公司及以下：属地气象部门发布暴雪黄色预警或预警信号。

4. 蓝色预警

（1）总部：中央气象台发布暴雪蓝色预警，影响公司经营区域。

（2）省公司及以下：属地气象部门发布暴雪蓝色预警或预警信号。

六、地质灾害

1. 红色预警

（1）总部：国家发布地质灾害红色预警，公司经营区域可能发生人身伤亡、特高压变电站（换流站）和重要输电断面等重要设备设施损坏、电网设备设施大范围特别严重损坏。

（2）省公司及以下：属地规划和自然资源部门发布地质灾害红色预警。

2. 橙色预警

（1）总部：国家发布地质灾害橙色预警，公司经营区域可能发生人身伤亡、特高压变电站（换流站）和重要输电断面等重要设备设施损坏、电网设备设施大范围严重损坏。

（2）省公司及以下：属地规划和自然资源部门发布地质灾害橙色预警。

3. 黄色预警

（1）总部：国家发布地质灾害黄色预警，公司经营区域可能发生人身伤亡、特高压变电站（换流站）和重要输电断面等重要设备设施损坏、电网设备设施大范围较严重损坏。

（2）省公司及以下：属地规划和自然资源部门发布地质灾害黄色预警。

4. 蓝色预警

（1）总部：国家发布地质灾害蓝色预警，公司经营区域可能发生人身伤亡、特高压变电站（换流站）和重要输电断面等重要设备设施损坏、电网设备设施大范围损坏。

（2）省公司及以下：属地规划和自然资源部门发布地质灾害蓝色预警。

七、山火

1. 红色预警

（1）总部：单个省公司当日监测山火热点数大于等于300个；或重要输电通道、重要跨区输电通道附近山火热点数大于等于100个。

（2）省公司及以下：属地气象、应急部门发布森林火险红色预警。

2. 橙色预警

（1）总部：单个省公司当日监测山火热点数大于等于200个，且小于300个；或重要输电通道、重要跨区输电通道附近山火热点数大于等于100。

（2）省公司及以下：属地气象、应急部门发布森林火险橙色预警。

3. 黄色预警

（1）总部：两个省公司当日监测山火热点数大于等于100个，且小于200个。

（2）省公司及以下：属地气象、应急部门发布森林火险黄色预警。

4. 蓝色预警

（1）总部：两个省公司当日监测山火热点数大于等于 50 个，且小于 100 个。

（2）省公司及以下：属地气象、应急部门发布森林火险蓝色预警。

八、覆冰预警

1. 红色预警

（1）总部：预测两个及以上省公司区域平均覆冰厚度超过 30 毫米，或者未来 10 天覆冰持续增长。

（2）省公司及以下：预测辖区内平均覆冰厚度超过 30 毫米，或者未来 10 天覆冰持续增长。

2. 橙色预警

（1）总部：预测单个省公司区域平均覆冰厚度超过 30 毫米，或者未来 10 天覆冰持续增长；预测两个及以上省公司区域平均覆冰厚度达到 21～30 毫米，或者未来 7 天覆冰持续增长。

（2）省公司及以下：预测辖区内平均覆冰厚度达到 21～30 毫米，或者未来 7 天覆冰持续增长。

3. 黄色预警

（1）总部：预测单个省公司区域平均覆冰厚度达到 21～30 毫米，或者未来 7 天覆冰持续增长；预测两个及以上省公司区域平均覆冰厚度达到 11～20 毫米，或者未来 5 天覆冰持续增长。

（2）省公司及以下：预测辖区内平均覆冰厚度达到 11～20 毫米，或者未来 5 天覆冰持续增长。

4. 蓝色预警

（1）总部：预测单个省公司区域平均覆冰厚度达到 11～20 毫米，或者未来 5 天覆冰持续增长；预测两个及以上省公司区域平均覆冰厚度达到 5～10 毫米，或者未来 3 天覆冰持续增长。

（2）省公司及以下：预测辖区内平均覆冰厚度达到 5～10 毫

米，或者未来 3 天覆冰持续增长。

九、大风

1. 红色预警

省公司及以下：属地气象部门发布大风红色预警或预警信号。

2. 橙色预警

省公司及以下：属地气象部门发布大风橙色预警或预警信号。

3. 黄色预警

省公司及以下：属地气象部门发布大风黄色预警或预警信号。

4. 蓝色预警

省公司及以下：属地气象部门发布大风蓝色预警或预警信号。

十、高温大负荷

1. 红色预警

（1）总部：中央气象台发布高温红色预警，影响公司经营区域且负荷预计达到历史最大负荷 115%。

（2）省公司及以下：属地气象部门发布高温红色预警信号且负荷预计达到历史最大负荷 115%。

2. 橙色预警

（1）总部：中央气象台发布高温橙色预警，影响公司经营区域且负荷预计达到历史最大负荷 110%。

（2）省公司及以下：属地气象部门发布高温橙色预警信号且负荷预计达到历史最大负荷 110%。

3. 黄色预警

（1）总部：中央气象台发布高温黄色预警，影响公司经营区域且负荷预计达到历史最大负荷 105%。

（2）省公司及以下：属地气象部门发布高温黄色预警信号且负荷预计达到历史最大负荷 105%。

4. 蓝色预警

（1）总部：中央气象台发布高温蓝色预警，影响公司经营区域且负荷预计达到历史最大负荷 100%。

（2）省公司及以下：属地气象部门发布高温蓝色预警信号且负荷预计达到历史最大负荷100%。

十一、低温大负荷

1. 黄色预警

（1）总部：中央气象台发布低温黄色预警，影响公司经营区域且负荷预计达到历史最大负荷105%。

（2）省公司及以下：负荷预计达到历史最大负荷105%。

2. 蓝色预警

（1）总部：中央气象台发布低温蓝色预警，影响公司经营区域且负荷预计达到历史最大负荷100%。

（2）省公司及以下：负荷预计达到历史最大负荷100%。

十二、电力短缺

1. 红色预警

电力或电量缺口占当期最大用电需求20%以上。

2. 橙色预警

电力或电量缺口占当期最大用电需求10%～20%。

3. 黄色预警

电力或电量缺口占当期最大用电需求5%～10%。

4. 蓝色预警

电力或电量缺口占当期最大用电需求5%以下。

十三、大面积停电

1. 红色预警

（1）总部：直辖市、省会城市、计划单列市发生5%以上，9%以下用户停电。

（2）省公司及以下：省会城市、计划单列市发生5%以上，9%以下用户停电，或其他设区的市发生20%以上，25%以下用户停电；或县级市发生30%以上，40%以下用户停电。

2. 橙色预警

（1）总部：直辖市、省会城市、计划单列市发生3%以上，

5%以下用户停电。

（2）省公司及以下：省会城市、计划单列市发生 3%以上，5%以下用户停电，或其他设区的市发生 15%以上，20%以下用户停电；或县级市发生 20%以上，30%以下用户停电。

3. 黄色预警

（1）总部：直辖市、省会城市、计划单列市发生 2%以上，3%以下用户停电。

（2）省公司及以下：省会城市、计划单列市发生 2%以上，3%以下用户停电；或其他设区的市发生 10%以上，15%以下用户停电；或县级市发生 10%以上，20%以下用户停电。

4. 蓝色预警

（1）总部：直辖市、省会城市、计划单列市发生 1%以上，2%以下用户停电。

（2）省公司及以下：省会城市、计划单列市发生 1%以上，2%以下用户停电，或其他设区的市发生 5%以上，10%以下用户停电；或县级市发生 5%以上，10%以下用户停电。

十四、突发环境事件

1. 红色预警

国家应急管理部门或环保部门发布突发环境事件一级预警；预判可能发生特别重大突发环境事件。

2. 橙色预警

国家应急管理部门或环保部门发布突发环境事件二级预警；预判可能发生重大突发环境事件。

3. 黄色预警

国家应急管理部门或生态环境部发布突发环境事件三级预警；预判可能发生较大突发环境事件。

4. 蓝色预警

国家应急管理部门或生态环境部发布突发环境事件四级预警；预判可能发生一般突发环境事件。

省公司及以下：根据本单位情况确定。

十五、公共卫生事件

1. 红色预警

国家应急管理部门或国家卫生行政部门发布突发卫生事件一级预警；预判可能发生特别重大突发卫生事件。

2. 橙色预警

国家应急管理部门或国家卫生行政部门发布突发卫生事件二级预警；预判可能发生重大突发卫生事件。

3. 黄色预警

国家应急管理部门或国家卫生行政部门发布突发卫生事件三级预警；预判可能发生较大突发卫生事件。

4. 蓝色预警

国家应急管理部门或国家卫生行政部门发布突发卫生事件四级预警；预判可能发生一般突发卫生事件。

省公司及以下：根据本单位情况确定。

十六、其他

在预警工作中，各部门、各单位对上述分级标准要结合实际进行分析研判后使用，如地方政府或专业领域出现新要求或新的等级划分标准后应予以落实，并向总部应急办反映以便公司今后进一步修订完善。

附件2

公司预警通知（预警响应指令）模板

国家电网有限公司预警通知

国家电网预警〔202×〕第××号

签发人：×××　　　　　　　　时间：202×年××月××日××时××分

主送单位	国网××分部，国网××、××、××、××电力，国网××、××集团公司		
预警来源	中央气象台预警、国家防总通知		
险情类别	台风（××、××）	预警级别	红（橙）色
影响范围	××市，××市，×××，××××，×××，×××，×××省	影响时间	××月××日～××月××日
事件概要	今年第×号台风"×××"（超强台风级）的中心×月×日×时位于××海面上（北纬××度、东经××度），中心附近最大风力××级。预计，将以每小时××公里的速度向西北方向移动，逐渐向××沿海靠近，将于××日凌晨到上午在×××到××一带沿海登陆。登陆后，"×××"将转向偏北方向移动，强度逐渐减弱。		
有关措施要求	"×××"台风即将登陆，预计将影响××、××、××区域多家单位。各单位一定要高度重视，提前做好各项准备，受到台风影响后，要立即启动应急响应，科学高效组织抢修恢复。 1. 立即启动应急机制，合理安排应急值班，台风登陆正值周末，各级单位领导干部要到岗到位，专业部门要加强值守，加强监测监控，调配好抢险队伍、救援装备和物资，做好各项应急准备工作。 2. 加强与当地政府和气象、海洋等部门的联系，密切关注气象变化情况，根据情况变化及时调整应急措施。 3. 合理安排电网运行方式，做好事故预想，落实灾害预防、预警措施，确保电网安全稳定运行。 4. 通知辖区所属工程建设单位和施工单位，要做好防洪、防淹、防突水、防突泥、防滑坡等工作，停止塔吊等高空室外作业。		

有关措施要求	5. 有关省公司要对负有管理责任的水电站大坝做好防汛形势分析，落实防护措施、加强巡视工作，确保安全。 6. 加强输变配电设备的巡视检查和隐患排查工作，做好相关设施的防雷、防雨、防风、防潮工作，落实防灾抗灾措施。 7. 做好次生灾害的防范应对工作，确保党政军机关、通信、防汛机构、煤矿、交通等重点单位、重要用户可靠供电。 8. 科学救灾，合理避险，切实落实各项安全措施，加强抢修安全管理，确保抢修工作人身安全。 9. 加强应急值班和信息报告工作，发生异常情况和突发事件，按规定立即报告公司总部
联系人	国网×××部：×××　　　　邮箱：×××××××@sgcc.com.cn 办公电话：010-6659××××　　手机：1×××××××××××

附件 4

预警响应典型措施

附表 4.1　　　　　　　　　台风预警响应措施表

专业	台风预警响应措施表
调控运行	1. 备班调度值班员全员上岗； 2. 优化电网运行方式，调整检修计划； 3. 开展电网风险分析和事故预想，并根据分析结果，通知相关专业开展特巡特护； 4. 监视电网运行和故障处置情况； 5. 向应急指挥中心汇报电网运行情况
输电专业	1. 加强值班力量，抢修人员全部到岗到位； 2. 紧固拉线和杆塔基础； 3. 加强在线监测装置巡视频次； 4. 安排输电抢修队伍人员入驻可能受台风影响的区域，做好开展抢修准备； 5. 开展水泵车、机动水泵等各类抢修装备检查维护，将相关装备预置到指定地点； 6. 开展线路特巡，加强"三跨"及低洼区域线路运行情况； 7. 修剪线路通道内树竹，对广告牌、塑料大棚等易漂浮物进行加固或拆除； 8. 要求线路保护区内施工隐患点停工，对场地进行清理，加固工棚、脚手架等； 9. 检查电缆沟排水设备情况，确保状态良好、随时可用； 10. 调整输电线路检修施工工作计划
变电专业	1. 开展变电站防风偏、防外破、防渗漏、防内涝等隐患排查、整治，提前配送移动排水泵等应急物资到指定地点； 2. 检查户外设备箱门、门窗是否紧闭，通风孔百叶窗（防护网）是否脱落，必要时进行加固； 3. 检查变电站下水管、排水沟渠是否通畅，并调试变电站内固定排水设施； 4. 清理、加固变电站内及周边易漂浮物； 5. 恢复低洼、易涝、地下变电站有人值守，检查洪涝防范措施，提前设置沙袋、挡水板； 6. 检查重点变电站洪涝防范措施，提前设置沙袋、挡水板； 7. 检查应急物资是否完好，应急照明电量是否充足

专业	台风预警响应措施表
配电专业	1. 增加配电抢修人员数量，在指定地点待命； 2. 对应急发电车、发电机等临时电源进行调试，提前预置到指定地点； 3. 针对易倒覆线路杆塔加装临时拉线，基础加固； 4. 修剪线路通道内树竹，对广告牌、塑料大棚等易漂浮物进行加固或拆除； 5. 对地下、低洼电缆分支箱、配电站（室）设置防汛沙袋、挡水板，对重点电缆分支箱、配电站（室）进行着重部署，开展防漏排查封堵工作； 6. 对排水泵等排水装备进行调试； 7. 补充加固安全警示标识，开展防触电安全宣传； 8. 开展线路红外测温和超声波局放检测，对发现的缺陷采取紧急消缺、追踪复测等差异化措施
客户服务	1. 各单位营销服务中心在值人员全员上岗，监测工单情况，针对当前预警情况，拟定服务答复通稿，联系95598开展服务预警； 2. 国网客服中心和各单位营销服务中心安排备班话务人员上岗，增加座席； 3. 对重要用户发出电网风险预警，通知做好受电设备防汛保障和自备应急电源启动准备工作，提前落实应急电源接入点，指导用户开展自有设备特巡特护、隐患排查治理，提醒用户对前期周期性检查发现的隐患进行治理和采取应急预防措施； 4. 在水闸、泵站等防汛用户、重要用户外电源全部或部分停电时，用电检查人员协助指导重要用户进行故障处置和应急支援； 5. 加强涉及民生重点客户应急服务保障和沟通联系，针对可能受影响的重要用户、高危用户和涉及民生用户，优先提供应急支援，完善客户安抚策略； 6. 组织专业人员，增派台区经理，前往居民小区开展沟通解释安抚工作，告知停电风险，做好用电安全提醒
队伍预置	1. 应急救援队伍和应急抢修队伍，提前预置到指定地点集结待命，进入战时状态； 2. 应急救援队伍开展应急通信、排水、照明等应急装备专项检查维护，应急抢修队伍开展车辆、备品备件等应急抢修物资装备专项检查维护； 3. 对防洪沙袋、苫布、水泵、应急排水车、照明灯具提前预置到可能受灾严重的地区； 4. 启用区域应急联动协议，告知相关单位本地区受影响情况，请求做好应急支援准备
通信保障	1. 通信保障人员开展应急指挥中心通信设备专项检查维护，通知通信保障人员上岗值守； 2. 通信部门开展应急卫星通信车、卫星电话专项联调，携带卫星通信装备在可能受灾严重地区驻扎，及时将现场情况回传应急指挥中心
物资保障	1. 通知仓储、配送人员、车辆上岗待命； 2. 盘点应急物资，核对台账； 3. 联系协议供应商提前供应部分物资；

专业	台风预警响应措施表
物资保障	4. 在灾害可能发生区域建立救灾物资临时仓储点，提前配送应急物资到指定地点，储备抢修物资、救灾装备、后勤保障物资等； 5. 启动与邻近单位、相关单位的物资支援应急联动机制，请求做好应急支援准备
后勤保障	1. 通知车辆驾驶员上岗待命； 2. 针对应急车辆开展安全检查； 3. 提前部署应急食品、饮用水、药品等后勤保障物资到达指定地点，组织餐饮、住宿、医疗服务保障工作，提前准备防疫、消杀物资； 4. 对重点仓库、办公区域、配电房等用沙袋、挡水板围堵，加强办公、后勤、仓储场所防洪涝隐患排查治理，做好户外设备设施防风加固； 5. 动态发布道路交通、天气情况、行车安全提醒等信息，协调交通部门保障车辆通行
基建保障	1. 受影响区域作业现场全面停工，组织人员撤离，切断现场临时电源，加强触电安全风险管控； 2. 施工项目部储备防汛、生活、消杀等物资； 3. 安排专人，对重点区域和重点设备设施开展不间断巡视检查，必要时安排专人值守； 4. 对施工作业现场、张牵场、物资仓库、加工棚、现场项目部等重点区域开展巡视检查和隐患治理； 5. 加固彩钢板、防尘网等易漂浮物； 6. 对深基坑进行封盖，加设围栏围挡，做好防坍塌、防坠落措施
舆情监测	1. 组织备班舆情监测及新闻宣传人员上岗； 2. 根据实际情况，新闻专业人员前往现场开展新闻宣传； 3. 开展涉及民生用户停电、安全隐患、触电伤亡等事件的舆情监测、引导，回应社会关切； 4. 收集新闻素材，开展专项新闻策划； 5. 对接政府宣传部门，沟通汇报，争取支持

附表 4.2   **洪涝预警响应措施表**

专业	洪涝预警响应措施表
调控运行	1. 备班调度值班员全员上岗； 2. 优化电网运行方式，调整检修计划； 3. 开展电网风险分析和事故预想，并根据分析结果，通知相关专业开展特巡特护； 4. 监视电网运行和故障处置情况； 5. 向应急指挥中心汇报电网运行情况

专业	洪涝预警响应措施表
输电专业	1. 加强值班力量，抢修人员全部到岗到位； 2. 紧固拉线和杆塔基础； 3. 加强在线监测装置巡视频次； 4. 安排输电抢修队伍人员入驻可能受洪涝影响的区域，做好开展抢修准备； 5. 开展水泵车、机动水泵等各类抢修装备检查维护，将相关装备预置到指定地点； 6. 开展线路特巡，加强"三跨"及低洼区域线路运行情况； 7. 修剪线路通道内树竹，对广告牌、塑料大棚等易漂浮物进行加固或拆除； 8. 要求线路保护区内施工隐患点停工，对场地进行清理，加固工棚、脚手架等； 9. 检查电缆沟排水设备情况，确保状态良好、随时可用； 10. 调整输电线路检修施工工作计划
变电专业	1. 开展变电站专项巡视，检查治理站内建筑物渗漏水情况，提前配送移动排水泵等应急物资到指定地点； 2. 排查变电站周边山体滑坡、滚石、山洪风险，提前落实人员撤离措施； 3. 检查变电站下水管、排水沟渠是否通畅，并调试变电站内固定排水设施； 4. 检查洪涝防范措施，提前设置沙袋、挡水板； 5. 清理、加固变电站内及周边易漂浮物； 6. 检查户外设备箱门、门窗是否紧闭，必要时进行加固，确认箱柜驱潮装置、开关室通风除湿装置运行正常； 7. 安排变电抢修人员 24 小时值班，随时应对突发事件； 8. 检查重点变电站洪涝防范措施，提前设置沙袋、挡水板
配电专业	1. 增加配电抢修人员数量，在指定地点待命，并根据现场实际情况配备救生设备； 2. 对应急发电车、发电机等临时电源进行调试，提前预置到指定地点； 3. 对地下、低洼电缆分支箱、配电站（室）设置防汛沙袋、挡水板，对重点电缆分支箱、配电站（室）进行着重部署，开展防漏排查封堵工作； 4. 对排水泵等排水装备进行调试； 5. 补充加固安全警示标识，开展防触电安全宣传； 6. 开展线路红外测温和超声波局放检测，对发现的缺陷采取紧急消缺、追踪复测等差异化措施； 7. 停止除应急抢修和紧急消缺外的施工作业
客户服务	1. 各单位营销服务中心在值人员全员上岗，监测工单情况，针对当前预警情况，拟定服务答复通稿，联系 95598 开展服务预警； 2. 国网客服中心和各单位营销服务中心安排备班话务人员上岗，增加座席； 3. 对重要用户发出停电风险预警，通知做好受电设备防汛保障和自备应急电源启动准备工作，提前落实应急电源接入点，指导用户开展自有设备特巡特护、隐患排查治理，提醒用户对前期周期性检查发现的隐患进行治理和采取应急预防措施；

专业	洪涝预警响应措施表
客户服务	4. 在水闸、泵站等防汛用户、重要用户外电源全部或部分停电时，用电检查人员协助指导重要用户进行故障处置和应急支援； 5. 加强涉及民生重点客户应急服务保障和沟通联系，针对可能受影响的重要用户、高危用户和涉及民生用户，优先提供应急支援，完善客户安抚策略； 6. 组织专业人员，增派台区经理，前往居民小区开展沟通解释安抚工作，告知停电风险，做好用电安全提醒
队伍预置	1. 应急救援队伍和应急抢修队伍，提前预置到指定地点集结待命，进入战时状态； 2. 应急救援队伍开展应急通信、排水、照明等应急装备专项检查维护，应急抢修队伍开展车辆、备品备件等应急抢修物资装备专项检查维护； 3. 对防洪沙袋、苫布、水泵、应急排水车、照明灯具提前预置到可能受灾严重的地区； 4. 启用区域应急联动协议，告知相关单位本地区受影响情况，请求做好应急支援准备
通信保障	1. 通信保障人员开展应急指挥中心通信设备专项检查维护，通知通信保障人员上岗值守； 2. 通信部门开展应急卫星通信车、卫星电话专项联调，携带卫星通信装备在可能受灾严重地区驻扎，及时将现场情况回传应急指挥中心
物资保障	1. 通知仓储、配送人员、车辆上岗待命； 2. 盘点应急物资，核对台账； 3. 联系协议供应商提前供应部分物资； 4. 在灾害可能发生区域建立救灾物资临时仓储点，提前配送应急物资到指定地点，储备抢修物资、救灾装备、后勤保障物资等； 5. 启动与邻近单位、相关单位的物资支援应急联动机制，请求做好应急支援准备
后勤保障	1. 通知车辆驾驶员上岗待命； 2. 针对应急车辆开展安全检查； 3. 提前部署应急食品、饮用水、药品等后勤保障物资到达指定地点，组织餐饮、住宿、医疗服务保障工作，提前准备防疫、消杀物资； 4. 对重点仓库、办公区域、配电房等用沙袋、挡水板围堵，加强办公、后勤、仓储场所防洪防涝隐患排查治理，做好户外设备设施防风加固，对于发现问题，立即组织人员整改或有效隔离； 5. 动态发布道路交通、天气情况、行车安全提醒等信息，协调交通部门保障车辆通行
基建保障	1. 受影响区域作业现场全面停工，组织人员撤离，切断现场临时电源，加强触电安全风险管控； 2. 施工项目部储备防汛、生活、消杀等物资；

专业	洪涝预警响应措施表
基建保障	3. 安排专人，对重点区域和重点设备设施开展不间断巡视检查，必要时安排专人值守； 4. 对施工作业现场、张牵场、物资仓库、加工棚、现场项目部等重点区域开展巡视检查和隐患治理； 5. 加固彩钢板、防尘网等易漂浮物； 6. 对深基坑进行封盖，加设围栏围挡，做好防坍塌、防坠落措施
舆情监测	1. 组织备班舆情监测及新闻宣传人员上岗； 2. 根据实际情况，新闻专业人员前往现场开展新闻宣传； 3. 开展涉及民生用户停电、安全隐患、触电伤亡等事件的舆情监测、引导，回应社会关切； 4. 收集新闻素材，开展专项新闻策划； 5. 对接政府宣传部门，沟通汇报，争取支持

附表 4.3 **雨雪冰冻预警响应措施表**

专业	雨雪冰冻预警响应措施表
调控运行	1. 备班调度值班员全员上岗； 2. 优化电网运行方式，调整检修计划； 3. 开展电网风险分析和事故预想，并根据分析结果，通知相关专业开展特巡特护； 4. 监视电网运行和故障处置情况； 5. 向应急指挥中心汇报电网运行情况
输电专业	1. 安排人员到观冰哨上岗值守，增加临时观冰哨； 2. 加固拉线和易覆冰杆塔； 3. 利用在线监测装置，观测输电线路覆冰厚度； 4. 安排输电抢修队伍人员入驻可能受雨雪冰冻影响的区域，做好开展抢修准备； 5. 开展手工除冰工器具等各类抢修装备检查维护，将移动融冰车预置到指定地点； 6. 开展线路特巡，关注"三跨"区段导地线及光缆弧垂变化； 7. 修剪线路通道内树竹，对广告牌、塑料大棚等易漂浮物进行加固或拆除； 8. 要求线路保护区内施工隐患点停工，对场地进行清理，加固工棚、脚手架等； 9. 检查电缆沟结冰情况，采取防冰冻措施； 10. 调整输电线路检修施工工作计划

专业	雨雪冰冻预警响应措施表
变电专业	1. 按区域选取重点/中心变电站，恢复有人值守，安排变电抢修人员 24 小时值班，随时应对周边厂站突发事件； 2. 开展变电设备特巡，检查充油、充气设备油位、气体压力，检查变电站"五箱"及开关柜等设备状态； 3. 利用在线监测装置，观测户外装备覆冰厚度； 4. 检查防冻棚、暖风机、加热器等设备状态，检查变电站阀冷系统、给排水、消防用水，有无、结冰、冻裂现象，及时修复并采取防冻措施； 5. 清理、加固变电站内及周边易漂浮物； 6. 检查户外设备箱门、门窗是否紧闭，检查电缆沟、竖井等封堵情况，防小动物措施落实情况
配电专业	1. 开展应急发电车、发电机等临时电源调试，提前预置到指定地点； 2. 修剪线路通道内树竹，对广告牌、塑料大棚等易漂浮物进行加固或拆除； 3. 加强配电变压器三相不平衡、重过载、低电压的监测治理； 4. 开展线路、环网箱、电缆分支开展带电检测，消除缺陷； 5. 检查电缆沟结冰情况，采取除冰措施
客户服务	1. 各单位营销服务中心在值人员全员上岗，监测工单情况，针对当前预警情况，拟定服务答复通稿，联系 95598 开展服务预警； 2. 国网客服中心和各单位营销服务中心安排备班话务人员上岗，增加座席； 3. 对重要用户发出电网风险预警，通知做好受电设备防汛保障和自备应急电源启动准备工作，提前落实应急电源接入点，指导用户开展自有设备特巡特护、隐患排查治理，提醒用户对前期周期性检查发现的隐患进行治理和采取应急预防措施； 4. 在"煤改电"等敏感重要客户、重要用户外电源全部或部分停电时，用电检查人员协助指导用户进行故障处置和应急支援； 5. 加强涉及民生重点客户应急服务保障和沟通联系，针对可能受影响的重要用户、高危用户和涉及民生用户，优先提供应急支援，完善客户安抚策略； 6. 组织专业人员，增派台区经理，前往居民小区开展沟通解释安抚工作，告知停电风险，做好用电安全提醒
队伍预置	1. 应急救援队伍和应急抢修队伍，提前预置到指定地点集结待命，进入战时状态； 2. 应急救援队伍开展应急通信、照明等应急装备专项检查维护，应急抢修队伍开展车辆、备品备件等应急抢修物资装备专项检查维护； 3. 对人工除冰工器具、劳动保护用品、防寒保暖用品提前预置到可能受灾严重的地区； 4. 启用区域应急联动协议，告知相关单位本地区受影响情况，请求做好应急支援准备
通信保障	1. 通信保障人员开展应急指挥中心通信设备专项检查维护，通知通信保障人员上岗值守； 2. 通信部门开展应急卫星通信车、卫星电话专项联调，携带卫星通信装备在可能受灾严重地区驻扎，及时将现场情况回传应急指挥中心

专业	雨雪冰冻预警响应措施表
物资保障	1. 通知仓储、配送人员、车辆上岗待命； 2. 盘点应急物资，核对台账； 3. 联系协议供应商提前供应部分物资； 4. 在灾害可能发生区域建立救灾物资临时仓储点，提前配送应急物资到指定地点，储备抢修物资、救灾装备、后勤保障物资等； 5. 启动与邻近单位、相关单位的物资支援应急联动机制，请求做好应急支援准备
后勤保障	1. 通知车辆驾驶员上岗待命； 2. 针对应急车辆开展安全检查，装备车辆防滑、防冻设施； 3. 提前部署应急食品、饮用水、药品等后勤保障物资到达指定地点，组织餐饮、住宿、医疗服务保障工作； 4. 动态发布道路交通、天气情况、行车安全提醒等信息，协调交通部门保障车辆通行
基建保障	1. 暂停现场施工作业，切断现场临时电源，加强触电安全风险管控； 2. 安排专人，对重点区域和重点设备设施开展不间断巡视检查，必要时安排专人值守； 3. 对施工作业现场、张牵场、物资仓库、加工棚、现场项目部等重点区域开展巡视检查和隐患治理； 4. 清除基建现场杂草等易燃物，加固彩钢板、防尘网等易漂浮物； 5. 对深基坑进行封盖，加设围栏围挡，做好防坍塌、防坠落措施
舆情监测	1. 组织备班舆情监测及新闻宣传人员上岗； 2. 根据实际情况，新闻专业人员前往现场开展新闻宣传； 3. 开展涉及民生用户停电、安全隐患、触电伤亡等事件的舆情监测、引导，回应社会关切； 4. 收集新闻素材，开展专项新闻策划； 5. 对接政府宣传部门，沟通汇报，争取支持

附表 4.4　电力短缺预警响应措施表

专业	电力短缺预警响应措施表
调控运行	1. 备班调度值班员全员上岗； 2. 优化电网运行方式，调整检修计划及发电机组检修计划； 3. 加强调度交易管理，开展负荷预测和电力电量平衡分析，跟踪新能源出力、消纳，关注发电用煤、用气情况； 4. 下达有序用电方案，督促方案执行反馈；

专业	电力短缺预警响应措施表
调控运行	5. 开展电网风险分析和事故预想，并根据分析结果，通知相关专业开展特巡特护； 6. 监视电网运行和故障处置情况； 7. 向应急指挥中心汇报电网运行情况
输电专业	1. 加强值班力量，抢修人员全部到岗到位； 2. 紧固拉线和杆塔基础； 3. 加强在线监测装置巡视频次； 4. 开展线路特巡，加强"三跨"及低洼区域线路运行情况； 5. 修剪线路通道内树竹，对广告牌、塑料大棚等易漂浮物进行加固或拆除； 6. 要求线路保护区内施工隐患点停工，对场地进行清理，加固工棚、脚手架等； 7. 调整输电线路检修施工工作计划
变电专业	1. 恢复辖区内枢纽变电站有人值守，保障站内设备安全稳定运行，特别是主变、母线等重要设备； 2. 加强重点变电站的巡视，保障站内设备安全稳定运行
配电专业	1. 增加配电抢修人员数量，在指定地点待命； 2. 对应急发电车、发电机等临时电源进行调试，提前预置到指定地点； 3. 对应急抢修车辆、物资、装备、备品备件进行清点检查； 4. 加强对配电线路的巡视，对重过载线路开展红外测温和超声波局放检测工作，对发现的缺陷采取紧急消缺工作，增加巡视频次，安排巡视人员在指定地点值守； 5. 加强配电变压器三相不平衡、重过载、低电压的监测治理
客户服务	1. 加强与政府部门沟通汇报及时向政府报告供需形势及电力缺口情况； 2. 跟踪、分析有序用电发展趋势，编制最大负荷控制方案； 3. 宣传节约用电、错峰用电政策，解释电力紧缺原因，正面引导，回应关切； 4. 对照重点保障用户清单，将应急发电车、发电机提前预置到用户侧； 5. 通知客户执行需求侧管控措施； 6. 监督客户需求侧管控措施执行情况，督促客户执行有序用电； 7. 做好95598值班，通知95598备班人员随时待命，开展与重要用户、高危用户和涉及民生用户应急服务保障和沟通联系，快速响应客户诉求
队伍预置	在值应急救援队开展应急通信、照明等应急装备专项检查维护，应急抢修队伍开展车辆、备品备件等应急抢修物资装备专项检查维护
通信保障	通信保障人员开展应急指挥中心通信设备专项检查维护，通知备班通信保障人员待命
物资保障	1. 通知仓储、配送人员、车辆上岗待命； 2. 盘点应急物资，核对台账； 3. 联系协议供应商提前供应部分物资

专业	电力短缺预警响应措施表
后勤保障	1. 通知车辆驾驶员上岗待命； 2. 针对应急车辆开展安全检查； 3. 组织餐饮、住宿、医疗服务保障工作
舆情监测	1. 组织备班舆情监测及新闻宣传人员上岗； 2. 根据实际情况，新闻专业人员前往现场开展新闻宣传； 3. 开展涉及民生用户停电、安全隐患、触电伤亡等事件的舆情监测、引导，回应社会关切； 4. 收集新闻素材，开展专项新闻策划； 5. 对接政府宣传部门，沟通汇报，争取支持

响应措施检查示例

——台风、洪涝灾害预警响应线上督导标准检查表

序号	检查内容	检查标准	检查方式	检查情况示例
1	加强与当地气象、水文等部门联系，密切关注灾害动态，掌握发展趋势	检查能否获取气象预报信息，以及政府、上级单位和气象部门的气象预警文件	视频检查业务系统或文件	××省公司及所属××公司等单位，能够通过系统（或收文）获取气象预报信息，以及政府、上级单位和气象部门的气象预警文件
		检查能否及时掌握所属市、县两级气象部门实时发布的气象预警或预警信号	视频检查业务系统	××省公司及所属××公司等单位能够通过气象 App 实时掌握管辖范围内市、县两级气象部门实时发布的气象预警或预警信号
2	启动预警响应，通知所属有关单位，采取针对性措施，提前做好防范工作	检查发布的预警通知中预警级别、范围和预警措施要求是否符合要求	视频检查业务系统或文件	××省公司及所属××公司等单位及时发布的预警通知，预警定级准确，预警范围和灾害气象影响范围一致，预警措施符合相关规定要求
		检查所属市、县两级单位是否根据属地气象部门气象预警，及时发布、调整预警通知	视频检查业务系统或文件	××省公司所属的××公司等单位能够根据属地气象部门实时发布的气象预警或预警信号，及时发布、调整预警通知
3	要严格落实领导干部到岗带班和重要岗位 24 小时值班制度，确保值班电话 24 小时畅通	检查是否编制应急值班表	视频检查文件	××省公司及所属××公司等单位在预警发布后，能按编制应急值班表，值班人员符合规定要求
		检查二级及以上预警条件下，是否启动 24 小时应急值班	视频连线查看到岗到位情况	××省公司及所属××公司等单位发布二级预警后，已启动应急指挥中心 24 小时应急值班

序号	检查内容	检查标准	检查方式	检查情况示例
3	要严格落实领导干部到岗带班和重要岗位 24 小时值班制度，确保值班电话 24 小时畅通	检查单位领导是否部署预警响应相关工作，组织召开会商会	视频检查业务系统或文件	××省公司及所属××公司等单位在预警发布后，分管领导按规定召开会商会，相关要求已做会议记录并下发（或通过应急工作专报下发）
4	启用应急指挥中心互联互通	检查视频会议系统是否正常可用，现场视频能否正常上传，相关专业信息台账是否完备	连线检查各项功能	××省公司及所属××公司等单位应急指挥中心能够互联互通，视频会议系统正常可用，现场视频能够通过布控球、腾讯会议等手段正常上传，相关专业信息台账完备
5	抢险队伍随时待命，配齐备足防汛物资装备，应急通信装备、应急电源车、发电机、排水泵要维护就绪，确保紧急情况下调得出、用得上、数量足	检查应急队伍、物资和装备台账是否完备	视频检查业务系统或文件	××省公司及所属××公司等单位应急队伍、物资和装备台账通过应急指挥系统管理，台账要素完整
		抽查若干支应急救援基干队伍、应急抢修队伍、应急通信保障队伍，检查被抽查队伍人员、装备和车辆配置和台账是否一致；检查队伍定位信息和应急指挥系统中的信息是否一致；检查是否明确哪些队伍进入集结待命状态	通过移动终端视频检查现场情况	××省公司在预警发布后，共有 120 支应急队伍共 3100 人进入集结待命状态。抽查××省公司及所属××公司等单位 1 支应急救援基干分队、3 支应急抢修队伍和 1 支应急通信保障队伍，被抽查队伍人员、装备和车辆配置和台账一致，队伍位置和应急指挥系统中的定位信息一致
		检查是否有制定应急队伍提前预置的方案，并对照方案检查应急队伍是否已经按要求预置到位	视频检查文件，通过移动终端视频检查现场情况	根据××省公司所属××公司单位应急预案，如预报×级以上台风登陆×地区，应提前调派×人的应急队伍提前预置到××岛，经过视频连线确认，已有×人的应急队伍已按要求预置到位

36

序号	检查内容	检查标准	检查方式	检查情况示例
5	抢险队伍随时待命，配齐备足防汛物资装备，应急通信装备、应急电源车、发电机、排水泵要维护就绪，确保紧急情况下调得出、用得上、数量足	抽查若干仓库，检查储备物资的种类、型号、数量等关键信息和台账是否一致	视频检查文件，通过移动终端视频检查现场情况	抽查××省公司所属××公司××物资仓库，其储备物资的种类、型号、数量等关键信息和台账一致，仓库定位信息和应急指挥系统中的信息一致
		抽查若干装备，检查是否按要求开展维保，是否能够正常启动；参数、维保等信息和台账是否一致；定位信息和应急指挥系统中的信息是否一致	视频检查文件，通过移动终端视频检查现场情况	抽查××省公司所属××公司发电车、排涝车、通讯车、照明车、抽水泵、发电机、卫星便携站、海事卫星电话等装备，能够按要求开展维保，能够正常启动。装备参数、维保等信息和台账一致，装备位置和应急指挥系统中的定位信息一致
6	合理安排电网运行方式，做好事故预想，落实灾害预防措施，确保电网安全稳定运行	检查是否根据灾害预测信息优化电网实际运行方式，根据调整顺延检修计划，调整重要联络线潮流，优化发电出力安排	视频检查业务系统或文档	检查××省公司在预警发布后，共顺延××项检修计划，对××联络线潮流按零平衡控制，调停××台火电机组共××MW容量，提前安排××水电厂腾库，相关工作已在应急工作专报中体现
7	全面开展电网设备设施隐患排查整治。提前清理输配电通道周边可能影响线路安全的树竹、广告标牌、易漂浮物；整治施工现场临时工棚、驻地、脚手架、塔吊、围墙隐患，排查变配电站（房）的防渗、防淹隐患，备齐防汛物资和抽水设备，组织加强值守	检查是否有低洼变电站、配电站房台账，是否建立输、变、配等专业防台防涝隐患台账	视频检查业务系统或文档	××省公司所属××公司共××座低洼变电站、××座配电站房，台账通过应急指挥系统管理，要素完备；输、变、配等专业防台防涝隐患台账通过生产系统管理，隐患记录完整，整改情况能够闭环跟踪，目前还有××条隐患未整改，均已提报整改计划，并明确了责任人和整改时限

序号	检查内容	检查标准	检查方式	检查情况示例
7	全面开展电网设备设施隐患排查整治。提前清理输配电通道周边可能影响线路安全的树竹、广告标牌、易漂浮物；整治施工现场临时工棚、驻地、脚手架、塔吊、围墙隐患，排查变配电站（房）的防渗、防淹隐患，备齐防汛物资和抽水设备，组织加强值守	抽查若干变电站，检查户外各端子箱、机构箱、汇控箱门密封是否到位；户内各门、窗是否关紧、关好，是否对地面及建筑物上的遮阳、挡雨物等易飞挂物件进行加固；站内排水沟、排水井是否清理；对照配置标准检查防汛物资储备是否充足，排水泵等装备等否正常启动	通过移动终端视频检查现场情况	抽查××省公司所属××公司××变电站。户外各端子箱、机构箱、汇控箱门密封到位；户内各门、窗均已关紧、关好；已对地面及建筑物上的遮阳、挡雨物等易飞挂物件进行加固；站内排水沟、排水井已清理，排水通畅；站内防汛物资按配置标准储备充足，排水泵试启动正常
		检查是否按要求安排重要变电站恢复有人值守。视频连线抽查应转有人值守的变电站，检查看其值班人员是否已经就位	通过移动终端视频检查现场情况	××省公司所属××公司通过明传电报，安排10座重要变电站恢复有人值守。抽查××变电站，其值班人员已经就位
		抽查若干输电、配电线路杆塔，检查杆塔基础、拉线、护坡、排水沟、巡线道等是否存在隐患	通过视频监控系统或移动终端视频检查现场情况	抽查××省公司所属××公司××线路××塔，其杆塔基础、拉线、护坡、排水沟、巡线道无隐患
		查问若干输、变、配专业班组，检查在预警发布后是否开展特巡特护或消缺工作，并检查答复内容与生产管理系统中的巡视和消缺的计划记录是否一致	通过移动终端视频检查现场情况	××省公司所属××公司已制定输、变、配专业特巡特护和消缺计划，抽查××班组，其开展的特巡特护或消缺工作和计划一致

序号	检查内容	检查标准	检查方式	检查情况示例
7	全面开展电网设备设施隐患排查整治。提前清理输配电通道周边可能影响线路安全的树竹、广告标牌、易漂浮物；整治施工现场临时工棚、驻地、脚手架、塔吊、围墙隐患，排查变配电站（房）的防渗、防淹隐患，备齐防汛物资和抽水设备，组织加强值守	抽查若干抢修塔存放仓库，检查定位信息和应急指挥系统中的信息是否一致，检查零部件和螺栓等是否完好可用，储存保养是否到位	通过移动终端视频检查现场情况	××省公司所属××公司共储备×基××电压等级抢修塔，抽查××仓库储备的抢修塔，其位置和应急指挥系统中的定位信息一致，零部件和螺栓完好可用，储存保养到位
		抽查若干低洼配电站房，检查是否已按要求安排人员驻守，检查配电站房抽水泵、水浸告警装置是否正常，防洪封堵是否到位	通过移动终端视频检查现场情况	××省公司所属××公司××座低洼配电站房已按要求安排人员驻守，抽查××配电站房，其抽水泵、水浸告警装置正常，防洪封堵到位
		抽查若干电缆班组，检查看其当前位置的电缆沟是否无渗漏情况，排水和防倒灌措施是否完善	通过移动终端视频检查现场情况	抽查××省公司所属××公司××线路××号电缆井无渗漏情况，排水和防倒灌措施完善
8	对负有管理责任的水电站、水库做好防汛形势分析，落实防护措施、加强巡视，严格执行调令，确保水电大坝安全度汛	检查是否在汛前对大坝及所有泄洪、消能设施进行现场检查，并落实隐患整改；所有泄洪设施是否经测试启闭正常；是否对水文气象观测设备、水情自动测报系统、水库调度自动化系统进行了全面检查、维护与调试；是否签订了水文、气象服务合同	视频检查业务系统或文档	××省公司所属××水电厂已在汛前对大坝及所有泄洪、消能设施进行现场检查，未发现隐患；所有泄洪设施经测试启闭正常；对水文气象观测设备、水情自动测报系统、水库调度自动化系统进行了全面检查、维护与调试，功能正常；与××省气象台签订了水文、气象服务合同
		抽查大坝、泄洪、消能设施是否存在隐患；泄洪设施是否有独立、可靠的保安电源	通过视频监控系统或移动终端视频检查现场情况	抽查××省公司所属××水电厂大坝、防洪闸门、船闸未发现隐患；防洪闸门已配置××kW的独立保安电源

序号	检查内容	检查标准	检查方式	检查情况示例
9	通知重要用户做好用电设施防水淹措施,自备电源应保证可靠状态。通过公告、短信等方式通知住宅小区等用户做好供电设施防汛保障	检查是否建立重要用户、民生用户、小区用户台账	视频检查业务系统或文档	××省公司所属××公司共有××个重要用户、××个民生用户、××个大中型小区,台账通过营销系统管理,要素完备
		抽查若干重要用户台账,检查台账是否详实,是否编制一户一策保电方案,是否明确发电车接入方式	视频检查业务系统或文档	抽查××省公司所属××公司××个重要用户,其用户台账要素完整,并编制一户一策保电方案,明确发电车接入方式
		检查是否通过系统、微信、短信等方式向重要用户、低洼小区用户发布防台防汛提示和安全用电提醒	视频检查业务系统或文档	××省公司所属××公司已向重要用户发送电网风险预警,对低洼小区等用户发布公告或短信,提示做好防台防汛和安全用电,检查有关发布记录
10	做好施工作业现场防强风、防水淹、防滑坡、防泥石流等工作,严防次生灾害,必要时停工避险、撤离人员	抽查若干施工现场,检查是否加强机械设备、井架、接地、导线、牵引绳、牵张机等锚固;是否对脚手架及其他临时设施进行加固;边坡等是否存在隐患	通过移动终端视频检查现场情况	抽查××省公司送变电公司××工程、××省公司所属××公司××工程施工现场,机械设备、井架、接地、导线、牵引绳、牵张机等已加强锚固;脚手架及其他临时设施已加固;边坡未见隐患
		抽查施工作业计划,检查是否按要求安排停工,必要时停工避险,撤离人员	视频检查业务系统或文档	检查××省公司所属××公司、送变电公司施工作业计划,××个施工项目已安排停工,共撤离施工人员××名
11	做好办公、经营和生活场所防涝准备和后勤保障工作	抽查办公大楼、供电所、营业厅等场所抽水泵是否正常,沙袋、防水挡板等物资是否配置到位,水米粮油等后勤保障物资是否储备到位	通过移动终端视频检查现场情况	抽查××省公司办公大楼、××省公司所属××公司××供电所、××营业厅,抽水泵正常,沙袋、防水挡板等防洪物资配置到位,水米粮油等后勤保障物资储备充足。××省公司办公大楼已按预案进行了防洪封堵

附件6

相关单位预警响应行动报告模板

国网××公司××××预警响应行动日报

（第××期）

国网××××××   202×年××月××日××时

一、×××事件（风险）情况

1. 当前情况和发展趋势

目前，××××已……，根据××××预报，××××将会……，影响持续到××月××日。

2. 已造成的影响情况

（1）电网方面：电网运行异常、负荷损失情况等。

（2）设备方面：变电、输电、配电设备损失的范围、程度等。

（3）用户方面：用户（小区）停电信息。

（4）服务方面：工单舆情信息。

二、采取措施情况

1. 预警响应启动情况

是否发布预警、预警级别、指挥中心互联。

2. 应急准备情况

（1）应急人员队伍：专业、类别、人数、所属单位、当前状态等信息。

（2）应急装备资源：装备、车辆（特种车辆）类别、数量、所属单位、当前状态等信息。

（3）应急物资资源：专业、类别、数量、型号、库存点、当前状态等信息。

3．预警响应措施监督检查情况

三、下一步工作安排

针对×××事件，国网×××××将…………

四、工作建议或请求事项

………………